英国数学真简单团队/编著　华云鹏　王庆庆/译

DK儿童数学分级阅读 第五辑

分数、小数和百分数

数学真简单！

电子工业出版社·

Publishing House of Electronics Industry

北京·BEIJING

Original Title: Maths—No Problem! Fractions, Decimals and Percentage, Ages 9–10 (Key Stage 2)
Copyright © Maths—No Problem!, 2022
A Penguin Random House Company

本书中文简体版专有出版权由Dorling Kindersley Limited授予电子工业出版社，未经许可，不得以任何方式复制或抄袭本书的任何部分。

版权贸易合同登记号　图字：01-2024-1979

图书在版编目（CIP）数据

DK儿童数学分级阅读. 第五辑. 分数、小数和百分数 / 英国数学真简单团队编著；华云鹏，王庆庆译. --北京：电子工业出版社，2024.5
ISBN 978-7-121-47697-6

Ⅰ. ①D⋯　Ⅱ. ①英⋯ ②华⋯ ③王⋯　Ⅲ. ①数学－儿童读物　Ⅳ. ①O1-49

中国国家版本馆CIP数据核字（2024）第074948号

出版社感谢以下作者和顾问：Andy Psarianos, Judy Hornigold, Adam Gifford和Anne Hermanson博士。
已获Colophon Foundry的许可使用Castledown字体。

责任编辑：苏　琪
印　　刷：鸿博昊天科技有限公司
装　　订：鸿博昊天科技有限公司
出版发行：电子工业出版社
　　　　　北京市海淀区万寿路173信箱　　邮编：100036
开　　本：889×1194　1/16　印张：18　　字数：303千字
版　　次：2024年5月第1版
印　　次：2024年11月第2次印刷
定　　价：128.00元（全6册）

凡所购买电子工业出版社图书有缺损问题，请向购买书店调换。若书店售缺，请与本社发行部联系，联系及邮购电话：（010）88254888，88258888。
质量投诉请发邮件至zlts@phei.com.cn，盗版侵权举报请发邮件至dbqq@phei.com.cn。
本书咨询联系方式：（010）88254161转1868，suq@phei.com.cn。

www.dk.com

目 录

鲁比   艾略特   阿米拉   查尔斯   露露   萨姆   奥克   霍莉   拉维   艾玛   雅各布   汉娜

做除法求分数

4个小朋友准备平分3个披萨。

每个小朋友能分到多少披萨？

举 例

我们需要用到除法来分配。3个披萨分给4个小朋友，写作3÷4。

每个小朋友分到的披萨都不是一整个。

要平分披萨，我们可以先将披萨均分成四小块。

每个小朋友会得到四分之三个披萨。

$$3 \div 4 = \frac{3}{4}$$

1 做除法求分数。

(1) 2 ÷ 5 = ⬚/⬚

(2) 2 ÷ 4 = ⬚/⬚

2 看图并填空。

(1) 2个圆都平均地涂上了3种颜色，试问每种颜色占圆圈的多少？

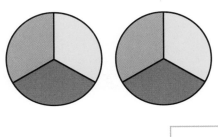

2 ÷ 3 = ⬚/⬚

每个颜色占圆圈的 ⬚/⬚ 。

(2) 4个糖果条平均分给6个小朋友，每个小朋友能得到多少糖果条？

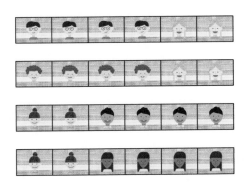

⬚/⬚ = ⬚/⬚

每个小朋友能得到 ⬚/⬚ 的糖果条。

带分数

准 备

有多少块被涂成了黄色？

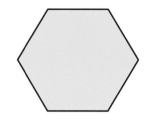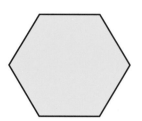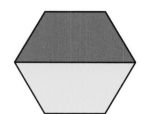

举 例

这个图形有六条边，所以叫作六边形。

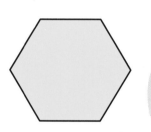

每个正六边形都是完整的一个。有两个正六边形被完整地涂上了黄色。

还有一个六边形涂了一半黄色。

两个正六边形和半个正六边形就叫作二又二分之一个六边形。

有 $2\frac{1}{2}$ 个正六边形涂成了黄色。

我们把这种整数和分数一起写的分数叫作带分数。

用带分数回答下列问题。

1 有多少块正方形被涂成了橙色？

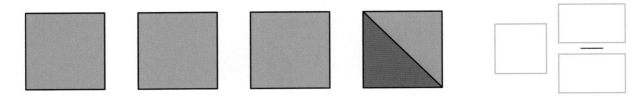

2 有多少块正六边形被涂成了黄色？

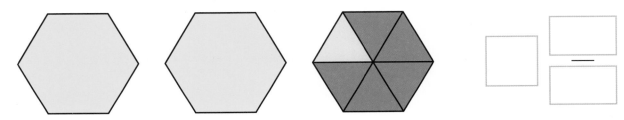

3 有多少块正六边形被涂成了黄色？

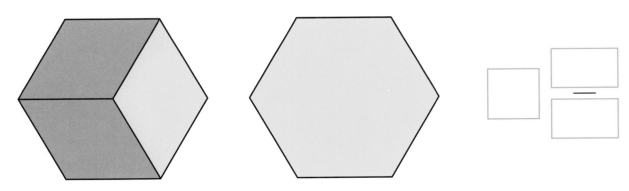

4 有多少块菱形被涂成了蓝色？

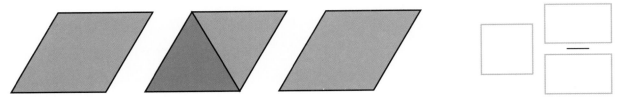

假分数

准 备

阿米拉正在为她姐姐的生日聚会烤制橙子味仙女蛋糕。每批仙女蛋糕需要 $\frac{1}{2}$ 个橙子的汁液，阿米拉要做5批仙女蛋糕，那么她需要多少个橙子？

举 例

每批仙女蛋糕需要 $\frac{1}{2}$ 个橙子的汁液。

要做5批仙女蛋糕。阿米拉需要5个 $\frac{1}{2}$ 橙子的汁液。

$$\frac{1}{2} + \frac{1}{2} + \frac{1}{2} + \frac{1}{2} + \frac{1}{2} = \frac{5}{2}$$

我们可以把它写成 $\frac{5}{2}$。

当分数中的分子大于或等于分母，我们就把这种分数叫作假分数。

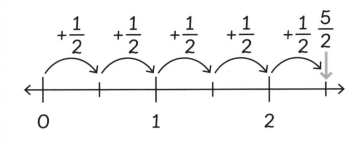

我们可以在数线上表示 $\frac{5}{2}$，就像这样。

阿米拉需要 $\frac{5}{2}$ 个橙子来做这5批仙女蛋糕。

练习

用假分数回答下列问题。

1 （1）一共有多少个半根的香蕉？

（2）一共有多少块 $\frac{1}{4}$ 的薄饼？

2 填空题。

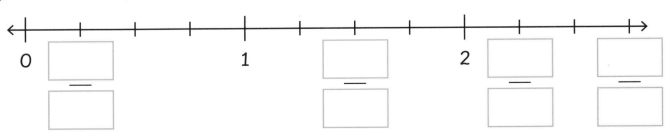

假分数转化为带分数

准 备

每个菱形都是 $\frac{1}{3}$ 个正六边形。

这些是菱形图案。菱形的边长都相等。

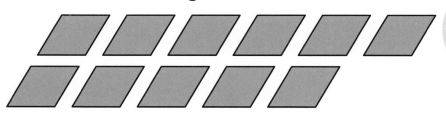

我们可以拼出多少个正六边形呢？

举 例

我可以把3块 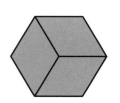 这样拼一个正六边形。

共有11块 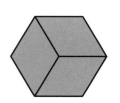。每块 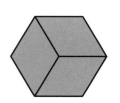 都是 $\frac{1}{3}$ 个正六边形。共有11块 $\frac{1}{3}$ 个正六边形。

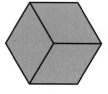 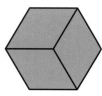  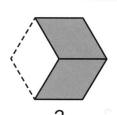

1 1 1 $\frac{2}{3}$

$$\frac{11}{3} = 3\frac{2}{3}$$

我们可以用11块菱形拼出 $3\frac{2}{3}$ 个正六边形。

我能拼出3个完整的正六边形。还剩下 $\frac{2}{3}$ 个六边形。

1 思考下列问题并填空。

(1) 每个半圆都是 $\frac{1}{2}$ 的圆。

那么你能用这些半圆拼出几个完整的圆呢?

  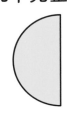 

共有 ⬜ 个半圆。

$$\frac{\boxed{}}{2} = \boxed{} \ \frac{\boxed{}}{\boxed{}}$$

(2) 每个三角形都是 $\frac{1}{2}$ 个正方形。

那么你能用这些三角形拼出几个正方形呢?

共有 ⬜ 个三角形。

$$\frac{\boxed{}}{2} = \boxed{} \ \frac{\boxed{}}{\boxed{}}$$

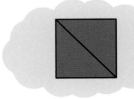

2 填空。

(1) $\frac{27}{12} = \boxed{} \ \dfrac{\boxed{}}{\boxed{}}$

(2) $1\frac{7}{11} = \dfrac{\boxed{}}{\boxed{}}$

带分数转化为假分数

准 备

烘焙师的助理把每个蛋糕平分成了6块小蛋糕。那么助理一共可以分出多少块小蛋糕呢？

举 例

有3个大蛋糕。每个大蛋糕被平分成了6块小蛋糕。每块小蛋糕是 $\frac{1}{6}$ 个大蛋糕。

还剩下5块小蛋糕。5块小蛋糕是 $\frac{5}{6}$ 个大蛋糕。

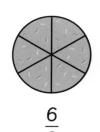 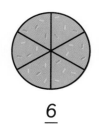 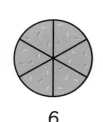 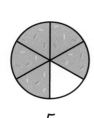

$\frac{6}{6}$　　　　$\frac{6}{6}$　　　　$\frac{6}{6}$　　　　$\frac{5}{6}$

$3\frac{5}{6}$ 等于 $\frac{23}{6}$。

烘焙师的助理一共可以从大蛋糕中分出23块小蛋糕。

1 填空。

(1)

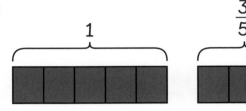

$1\dfrac{3}{5} = \dfrac{\boxed{}}{5}$

(2)

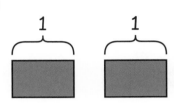 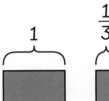 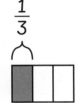

$3\dfrac{1}{3} = \dfrac{\boxed{}}{3}$

(3)

$\dfrac{\boxed{}}{4} = \dfrac{\boxed{}}{4}$

2 拉维要把每个正六边形都分成6个等边三角形。

现有5个正六边形和1个等边三角形。

他最后能得到多少个等边三角形？

$5\dfrac{1}{6} = \dfrac{\boxed{}}{6}$

拉维最后得到了 $\boxed{}$ 个等边三角形。

等值分数

准备

萨姆和艾玛都点了披萨当作午餐。谁剩下的披萨更多？

我把披萨平均切成了4块，我吃掉了两块。

我把披萨平均切成了两块，我吃掉了一块。

举例

萨姆和艾玛都是从一整个披萨开始切的。

萨姆把他的披萨切成了4块 $\frac{1}{4}$ 披萨，艾玛把她的披萨切成了2块 $\frac{1}{2}$ 披萨。

艾玛剩下了1小块。萨姆剩下了两小块。

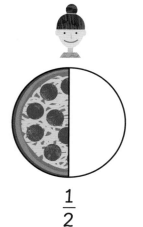

$\frac{1}{2}$

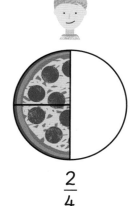

$\frac{2}{4}$

$\frac{1}{4}$ 披萨要比 $\frac{1}{2}$ 披萨小。2块 $\frac{1}{4}$ 披萨等于 $\frac{1}{2}$ 披萨。

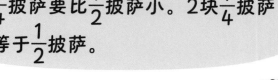

当不同分数的大小相等，我们就把他们叫作**等值分数**。$\frac{1}{2}$ 和 $\frac{2}{4}$ 是等值分数。

萨姆和艾玛剩下一样多的披萨。

练 习

在方框内填入相应的等值分数。

①

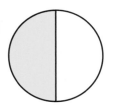 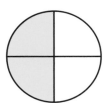 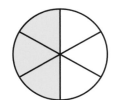 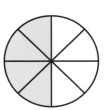

$$\frac{1}{2} = \frac{\boxed{}}{4} = \frac{3}{\boxed{}} = \frac{\boxed{}}{8}$$

②

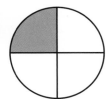 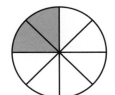 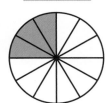 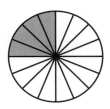

$$\frac{1}{4} = \frac{2}{\boxed{}} = \frac{3}{\boxed{}} = \frac{\boxed{}}{16}$$

③

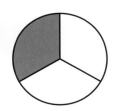 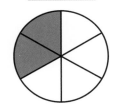 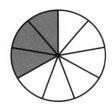 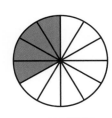

$$\frac{1}{3} = \frac{2}{\boxed{}} = \frac{3}{\boxed{}} = \frac{\boxed{}}{\boxed{}}$$

④

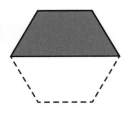 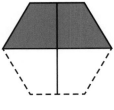

$$\frac{1}{2} = \frac{\boxed{}}{4}$$

等值分数进阶

准备

我能通过把分子和分母同时乘以一个相同的数来计算等值分数。

我能通过把分子和分母同时除以一个相同的数来计算等值分数。

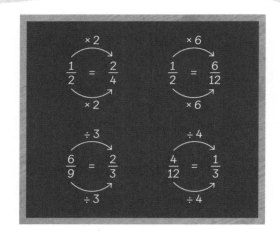

$$\frac{1}{2} = \frac{2}{4} \quad \frac{1}{2} = \frac{6}{12}$$

$$\frac{6}{9} = \frac{2}{3} \quad \frac{4}{12} = \frac{1}{3}$$

露露和霍莉都正确吗?

举例

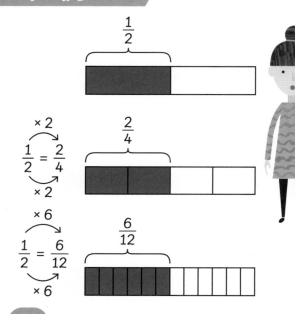

$\frac{1}{2}$

$\frac{1}{2} = \frac{2}{4}$ （×2）

$\frac{2}{4}$

$\frac{1}{2} = \frac{6}{12}$ （×6）

$\frac{6}{12}$

我们可以用长条模型来验证。

当我把分子和分母同时乘一个相同的数时,得到的分数数值和原来是相等的。

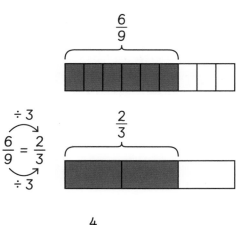

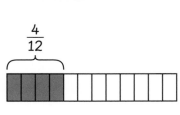

$$\frac{6}{9} = \frac{2}{3}$$

$\div 3$

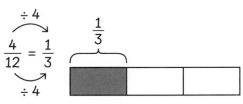

$$\frac{4}{12} = \frac{1}{3}$$

$\div 4$

把分子和分母同时除以一个相同的数是同样的道理。得到的分数数值和原分数相等。

把分子和分母同时除以一个相同的数的过程，叫作约分。

露露和霍莉都是对的。

练习

将等值分数连线。

$\frac{6}{12}$ ●

$\frac{15}{20}$ ●

$\frac{8}{12}$ ●

$\frac{10}{15}$ ●

$\frac{9}{12}$ ●

$\frac{5}{10}$ ●

● $\frac{2}{3}$

● $\frac{3}{4}$

● $\frac{1}{2}$

比较分数的大小

准 备

奥克和鲁比在为学校的艺术项目收集照片。她们每个人都需要收集 200张照片。

我已经收集了200 张照片的 $\frac{5}{8}$。

我已经收集了200 张照片的 $\frac{7}{10}$。

谁收集的照片更多？

举 例

对鲁比我们可以用同样的方法，但是我们要把长条分成10等份来表示 $\frac{7}{10}$。

我们可以用长条模型来比较。首先，我们画一个长条来表示奥克的200张照片。然后把长条分成8等份。这样我们就能在长条上表示 $\frac{5}{8}$ 了。

比较两个长条模型，我们就能发现鲁比收集了更多照片。200的 $\frac{7}{10}$ 大于200的 $\frac{5}{8}$。

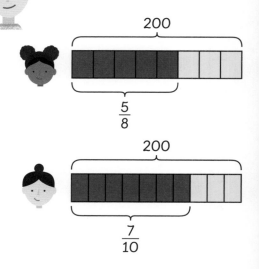

两个分数都大于 $\frac{1}{2}$ 而小于1。我可以在数线上表示这两个分数。$\frac{5}{8}$ 离 $\frac{1}{2}$ 更近，$\frac{7}{10}$ 离1更近。

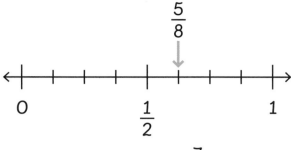

$$\frac{7}{10} > \frac{5}{8}$$

鲁比收集的照片比奥克多。

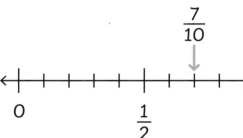

练 习

查尔斯、艾玛和艾略特要阅读同一本书，以便完成家庭作业。

查尔斯读了这本书的 $\frac{5}{6}$。艾玛读了这本书的 $\frac{6}{7}$。艾略特读了这本书的 $\frac{5}{8}$。

1 涂长条模型来表示他们各自读了这本书的几分之几。

2 在方框里填写"最多""多""少"或"最少"。

查尔斯比艾玛读得 ⬚ 。

艾玛比艾略特读得 ⬚ 。

艾略特比查尔斯读得 ⬚ 。

艾玛还剩 ⬚ 的书没有读。

3 ⬚ 读得最多，⬚ 读得最少。

用分数求数量

准备

奥克和鲁比继续为学校的艺术项目收集照片。她们各需要收集200张照片。

我已经收集了200张照片的 $\frac{5}{8}$。

我已经收集了200张照片的 $\frac{7}{10}$。

她们还要各收集多少照片？

举例

我们现在要算出她们还要收集多少照片。先从奥克开始吧。

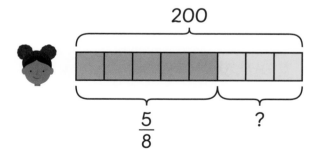

200

$\frac{5}{8}$?

20

首先，我们需要算出200的 $\frac{1}{8}$ 是多少。我们可以把200除以8算出来。

$$200 \div 8 = 25$$

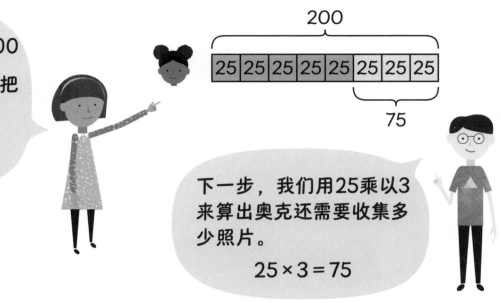

下一步，我们用25乘以3来算出奥克还需要收集多少照片。

$$25 \times 3 = 75$$

对鲁比我们可以用同样的办法。

首先，用200除以10来算出200的 $\frac{1}{10}$ 是多少。

$$200 \div 10 = 20$$

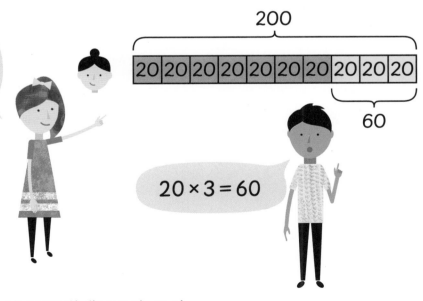

$$20 \times 3 = 60$$

奥克还需要收集75张照片，而鲁比还要收集60张照片。

1 应用题。

汉娜在电子游戏中获得了150分。

露露的分数是汉娜的 $\frac{2}{3}$。

150

(1) 露露得了多少分？

露露得了 ☐ 分。

(2) 汉娜和露露总共得了多少分？

汉娜和露露总共得了 ☐ 分。

2 画一个长条模型来解决下列问题并填空。

为了能和队友参加橄榄球队的出游，拉维的哥哥要存180英镑。
目前他存了180英镑的 $\frac{3}{5}$。

(1) 拉维的哥哥目前一共存了多少钱？

180 ÷ ☐ = ☐

☐ × 3 = ☐

拉维的哥哥目前一共存了 ☐ 英镑。

(2) 拉维哥哥的队友存钱数量目前只有拉维哥哥的 $\frac{5}{6}$。
拉维哥哥的队友目前存了多少钱？

☐ ÷ 6 = ☐

☐ × ☐ = ☐

拉维哥哥的队友目前存了 ☐ 英镑。

分数加法

准备

阿米拉和她的妈妈一起出游。

阿米拉杯子里的水还剩 $\frac{3}{4}$ 升。

阿米拉妈妈杯子里的水还剩 $\frac{1}{2}$ 升。

她们一共有多少升水？

举例

我们要把 $\frac{1}{2}$ 和 $\frac{3}{4}$ 相加。

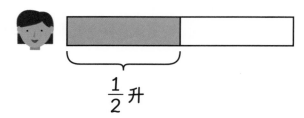

$\frac{1}{2}$ 升

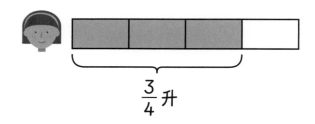

$\frac{3}{4}$ 升

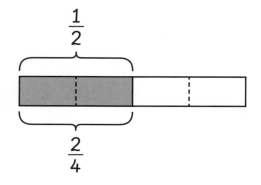

$\frac{1}{2}$

$\frac{2}{4}$

在把两个分数相加之前，我们要保证分母是相等的。$\frac{1}{2}$ 等于2个 $\frac{1}{4}$。

  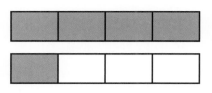

$$\frac{3}{4} \qquad + \qquad \frac{2}{4} \qquad = \qquad 1\frac{1}{4}$$

阿米拉和他的母亲一共有$1\frac{1}{4}$升水。

$$\frac{3}{4} + \frac{2}{4} = \frac{5}{4}$$
$$\frac{5}{4} = 1\frac{1}{4}$$

练 习

涂长条模型并填空。

1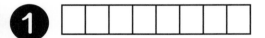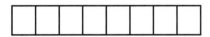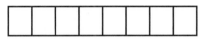

$$\frac{3}{8} \qquad + \qquad \frac{4}{8} \qquad = \qquad$$

2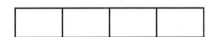

$$\frac{1}{4} \qquad + \qquad \frac{1}{2} \qquad = \qquad$$

3

$$\frac{2}{3} \qquad + \qquad \frac{5}{6} \qquad = \qquad$$

分数减法

准 备

某餐馆在早上的时候有$1\frac{1}{2}$公斤的大米在食品贮藏室。中午的时候用掉了$\frac{5}{8}$公斤的大米。

餐馆还剩下多少大米？

举 例

我们要把$1\frac{1}{2}$减去$\frac{5}{8}$。

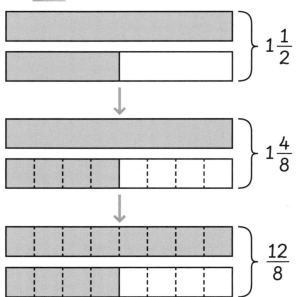

$1\frac{1}{2}$

$1\frac{4}{8}$

$\frac{12}{8}$

分母不同的时候，两个分数不能直接相减。把$\frac{5}{8}$变成二分之几不是那么容易，但是我们可以很容易把$\frac{1}{2}$变成分母为8的分数。

$$\frac{1}{2} \overset{\times 4}{\underset{\times 4}{=}} \frac{4}{8}$$

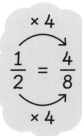

为了方便计算，我们可以先把$1\frac{4}{8}$转化成假分数。$1\frac{4}{8}$等于$\frac{12}{8}$。

然后我们把 $\frac{12}{8}$ 减去 $\frac{5}{8}$。

我们也可以在数线上表示这个计算过程。

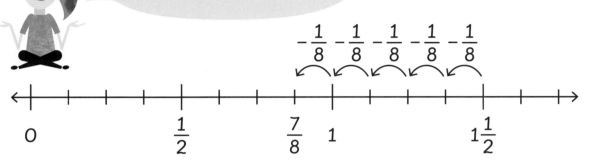

餐馆还剩下 $\frac{7}{8}$ 公斤大米。

练 习

1 将等式与对应的图案连线。

$1\frac{3}{4} - \frac{7}{8} = \frac{7}{8}$ ●

$1\frac{3}{5} - \frac{7}{10} = \frac{9}{10}$ ●

$\frac{2}{3} - \frac{1}{6} = \frac{1}{2}$ ●

2 填空。

(1) $\frac{3}{4} - \frac{1}{2} = \dfrac{}{} - \dfrac{}{} = \dfrac{}{}$

(2) $1\frac{2}{3} - \frac{5}{6} = \dfrac{}{} - \frac{5}{6} = \dfrac{}{}$

分数乘法

准 备

雅各布在他祖母的厨房里找到了一个蛋糕配方。

配方上说每块蛋糕要用 $\frac{3}{4}$ 磅黄油。他想为学校义卖会做3块蛋糕。他需要用多少黄油？

"1 lb"的意思是1磅。1磅约等于454克。

举 例

我们可以用乘法来计算。每块蛋糕需要 $\frac{3}{4}$ 磅黄油。雅各布需要 $3 \times \frac{3}{4}$ 磅黄油。

1磅

$\frac{3}{4}$ 磅

$$3 \times \qquad \frac{3}{4} \qquad = \qquad \frac{9}{4} \qquad = \qquad 2\frac{1}{4}$$

$3 \times \frac{3}{4}$ 磅黄油等于 $\frac{9}{4}$ 磅黄油。

我们可以把 $\frac{9}{4}$ 转化成带分数。 $\frac{9}{4}$ 等于 $2\frac{1}{4}$ 。

$$3 \times \frac{3}{4} = \frac{9}{4} = 2\frac{1}{4}$$

雅各布需要 $2\frac{1}{4}$ 磅黄油做蛋糕。

在每个长条模型上涂色。第一题已经帮你涂好了。

1

$$2 \times \frac{2}{5} \quad = \quad \frac{\boxed{}}{5}$$

2

$$3 \times \frac{2}{3} \quad = \quad \boxed{}$$

3

$$\boxed{} \quad \times \quad \frac{\boxed{}}{\boxed{}} \quad = \quad \boxed{}$$

利用小数比较分数大小

准备

艾略特需要把这些分数按从小到大的顺序排列。该如何排列呢？

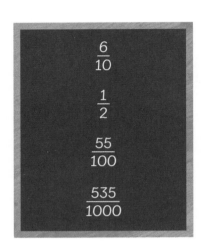

$$\frac{6}{10}$$

$$\frac{1}{2}$$

$$\frac{55}{100}$$

$$\frac{535}{1000}$$

举例

我们可以把分数转化成小数以便排序。

在我们把 $\frac{1}{2}$ 转变成小数之前，我们需要把它变成分母为10，100或者1000的分数。

$$\frac{1}{2} \xrightarrow{\times 5} \frac{5}{10} \xleftarrow{\times 5}$$

10 × 0.01 等于

1 × 0.1

$$\frac{6}{10} = \begin{matrix} 0.1 & 0.1 \\ 0.1 & 0.1 \\ 0.1 & 0.1 \end{matrix} = 0.6$$

$$\frac{5}{10} = \begin{matrix} 0.1 & 0.1 \\ 0.1 & 0.1 \\ 0.1 \end{matrix} = 0.5$$

$$\frac{55}{100} = \begin{matrix} 0.1 & 0.1 & 0.01 & 0.01 \\ 0.1 & 0.1 & 0.01 & 0.01 \\ 0.1 & & 0.01 \end{matrix} = 0.55$$

$10 \times$ 0.001 等于

$1 \times$ 0.01

$$\frac{535}{1000} =$$ 0.1 0.1 0.01 0.001 0.001
0.1 0.1 0.01 0.001 0.001 $= 0.535$
0.1 0.01 0.001

0.5 < 0.55
0.5 < 0.60
0.5 < 0.535
0.5是最小的数。

0.6 > 0.5
0.6 > 0.55
0.6 > 0.535
0.6是最大的数。

$$0.535 < \frac{55}{100}$$

0.5	0.535	0.55	0.6
$\frac{1}{2}$	$\frac{535}{1000}$	$\frac{55}{100}$	$\frac{6}{10}$

最小 ⟶ 最大

练习

把分数转化成小数并按照从小到大的顺序排列。

1 $\frac{2}{5} =$ ☐ $\frac{1}{2} =$ ☐ $\frac{38}{100} =$ ☐

☐ , ☐ , ☐

最小 ⟶ 最大

2 $\frac{607}{1000} =$ ☐ $\frac{6}{100} =$ ☐ $\frac{6}{10} =$ ☐

☐ , ☐ , ☐

最小 ⟶ 最大

小数加减法

准 备

露露和家人一起出游。她们走了3.6千米后停下来吃午饭。随后在下午又走了2.67千米。

当天她们一共走了多远？

下午比上午少走了多少路？

举 例

我们可以把3.6和2.67相加来算露露和她的家人一共走了多少路。

①① ①	0.1 0.1 0.1 0.1 0.1 0.1	
①①	0.1 0.1 0.1 0.1 0.1 0.1	0.01 0.01 0.01 0.01 0.01 0.01 0.01

$$\begin{array}{r} {}^{1}3\ .\ 6 \\ +\ 2\ .\ 6\ 7 \\ \hline 6\ .\ 2\ 7 \end{array}$$

我们可以借助表格来加或减。但是需要注意，每一列的数字要对齐。

我们需要相减来计算差值。

3.60等于3.6。

$$\begin{array}{r} ^2\cancel{3} . ^{15}\cancel{6} \, ^1 0 \\ - 2 . 6 \; 7 \\ \hline 0 . 9 \; 3 \end{array}$$

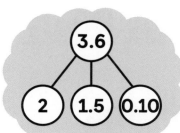

露露和她的家人当天一共走了6.27千米。

她们下午比上午少走了0.93千米的路。

练 习

1 用加法计算。

(1)
$$\begin{array}{r} 7 . 5 \; 3 \\ + \; 6 . 2 \; 3 \\ \hline \end{array}$$

(2)
$$\begin{array}{r} 3 . 2 \; 8 \\ + \; 4 . 5 \; 3 \\ \hline \end{array}$$

(3)
$$\begin{array}{r} 5 . 5 \; 4 \\ + \; 4 . 3 \; 6 \\ \hline \end{array}$$

(4)
$$\begin{array}{r} 9 . 5 \; 6 \\ + \; 9 . 4 \; 4 \\ \hline \end{array}$$

(5) 5.72 + 3 = ☐

(6) 0.83 + 0.18 = ☐

2 用减法计算

(1)
$$\begin{array}{r} 2 . 7 \; 2 \\ - \; 1 . 3 \; 3 \\ \hline \end{array}$$

(2)
$$\begin{array}{r} 8 . 2 \; 4 \\ - \; 3 . 5 \; 5 \\ \hline \end{array}$$

(3) 3.15 − 0.2 = ☐

(4) 5 − 1.12 = ☐

小数的近似数

准 备

在科学课上，法茜玛老师向小朋友们展示了如何用千分尺测量物品的厚度。小朋友们测得了这些物品的厚度。

> 课本书页：0.183毫米
> 课本封面：0.345毫米
> 课本：11.276毫米
> 胶合板：6.348毫米

千分尺是一种用来精确测量物品厚度的仪器。

我们怎样把各个物品的厚度精确到十分位和百分位呢？

举 例

我们可以在数线上标出所有数字。

0.183

← |—————————————————————————————————————| →
0.1 0.11 0.12 0.13 0.14 0.15 0.16 0.17 0.18 0.19 0.2

精确到：

	百分位	十分位
0.183	0.18	0.2

0.345

← |—————————————————————————————————————| →
0.3 0.31 0.32 0.33 0.34 0.35 0.36 0.37 0.38 0.39 0.4

精确到：

	百分位	十分位
0.345	0.35	0.3

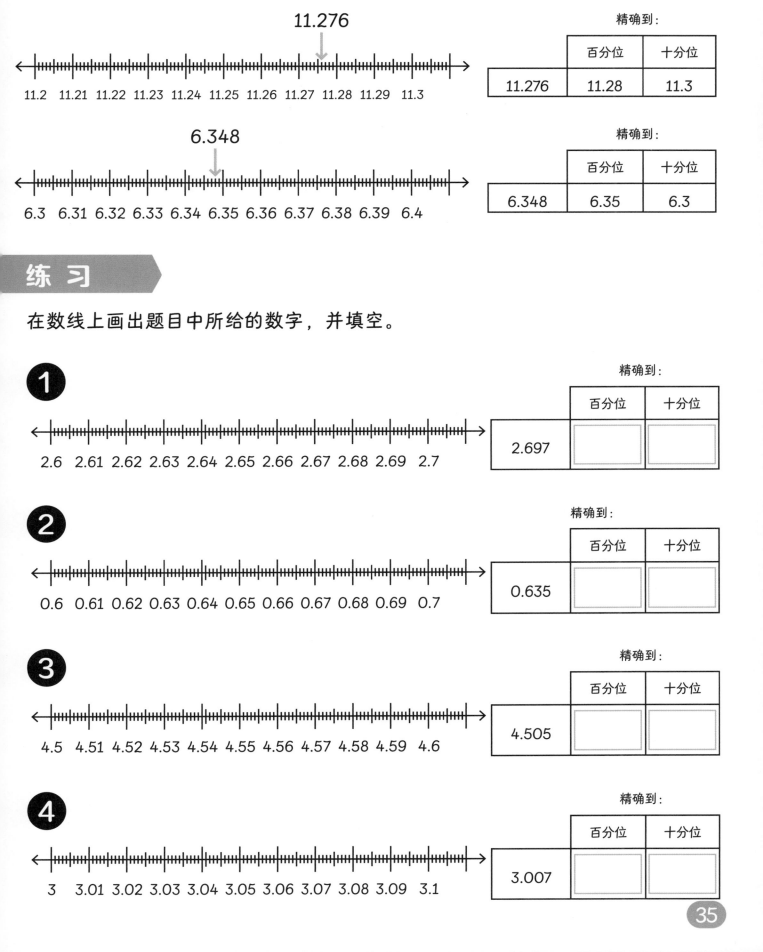

11.276

精确到:	百分位	十分位
11.276	11.28	11.3

6.348

精确到:	百分位	十分位
6.348	6.35	6.3

练 习

在数线上画出题目中所给的数字，并填空。

1

2.6 2.61 2.62 2.63 2.64 2.65 2.66 2.67 2.68 2.69 2.7

精确到:	百分位	十分位
2.697		

2

0.6 0.61 0.62 0.63 0.64 0.65 0.66 0.67 0.68 0.69 0.7

精确到:	百分位	十分位
0.635		

3

4.5 4.51 4.52 4.53 4.54 4.55 4.56 4.57 4.58 4.59 4.6

精确到:	百分位	十分位
4.505		

4

3 3.01 3.02 3.03 3.04 3.05 3.06 3.07 3.08 3.09 3.1

精确到:	百分位	十分位
3.007		

百分数

准 备

奥克想买300片星星贴纸，并且想要尽可能多的绿色星星。每一沓贴纸都包含着好几页一模一样的贴纸。

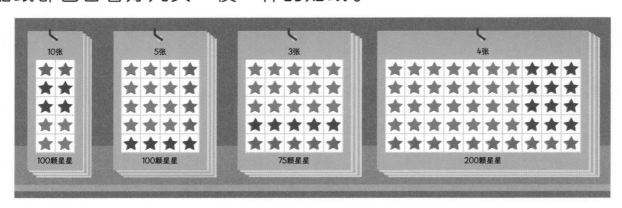

10张	5张	3张	4张
100颗星星	100颗星星	75颗星星	200颗星星

她应该买哪一沓贴纸呢？

举 例

我们可以计算一下每种贴纸绿色星星所占百分比。

百分比的意思是占一百的多少。

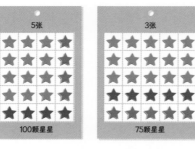

第一沓	第二沓	第三沓	第四沓

在第一沓贴纸中，每一页共有10颗星星，其中有4颗是绿色星星。

$$\frac{4}{10} = \frac{40}{100}$$

我们可以说绿色星星占百分之四十。

我们可以用"%"来表示百分比。百分之四十写作40%。

我们还可以用长条模型来表示百分比，就像这样。

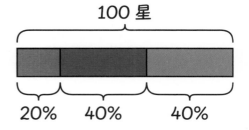

第一沓

100 星

20%　40%　40%

第二沓贴纸中，每页贴纸上的绿色星星占$\frac{12}{20}$。

$$\frac{12}{20} = \frac{60}{100}$$

绿色星星占60%。

第三沓贴纸中，每页贴纸的绿色星星占$\frac{15}{25}$。

$$\frac{15}{25} = \frac{60}{100}$$

绿色星星占60%。

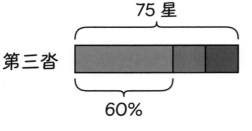

100 星

第二沓

60%

75 星

第三沓

60%

第二沓和第三沓的星星总数不一样，但是绿色星星所占百分比是一样的。

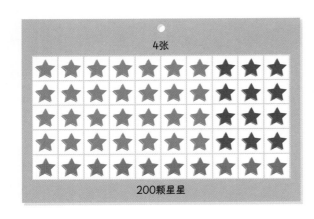

4张

200颗星星

第四沓贴纸中，每页贴纸上的绿色星星占 $\frac{28}{50}$。

$$\frac{28}{50} = \frac{56}{100}$$

绿色星星占56%。

200 星

第四沓

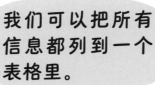

我们可以把所有信息都列到一个表格里。

第四沓贴纸中的星星总数比其它的都多，但是绿色星星所占百分比小于第二沓和第三沓贴纸。

第一沓	$\frac{4}{10}$	$\frac{40}{100}$	40%
第二沓	$\frac{12}{20}$	$\frac{60}{100}$	60%
第三沓	$\frac{15}{25}$	$\frac{60}{100}$	60%
第四沓	$\frac{28}{50}$	$\frac{56}{100}$	56%

我觉得每一沓贴纸的红色星星所占百分比是相同的。

我不太确定艾略特说得对不对。我们该怎样检验呢？

奥克要么买3页第二沓贴纸，要么买4页第三沓贴纸，因为它们绿色星星的所占百分比是最大的。

1 观察"准备"部分的图片，并填空。

	红色星星所占百分比	蓝色星星所占百分比
第一沓		
第二沓		
第三沓		
第四沓		

哪两沓贴纸的红色星星占比和蓝色星星的占比相同？

第 [ ] 沓和第 [ ] 沓红蓝两个颜色的星星占比相同。

2 一个盒子里装有250枚回形针，其中20%的回形针是红色的。不是红色的回形针有多少枚？

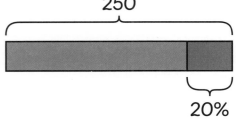

250

20%

[ ] 枚的回形针不是红色。

回顾与挑战

1 现有三个不同口味的披萨要平均分给4个小朋友。每个小朋友能分到多少披萨?

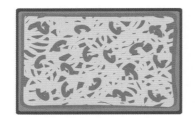 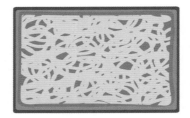 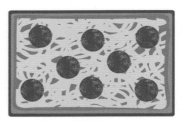

 = ⬚／⬚　　　　每个小朋友能分到 的披萨。

2 多少正六边形涂成了黄色?

(1)

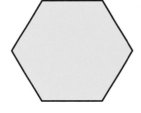 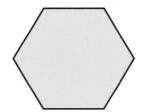 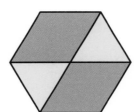

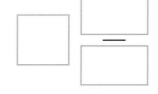 的正六边形涂成了黄色。

(2)

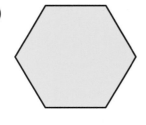 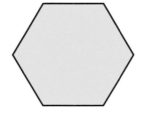 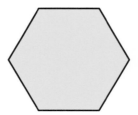 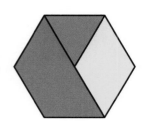

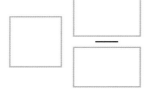 的正六边形涂成了黄色。

3 在方框内填写假分数。

(1)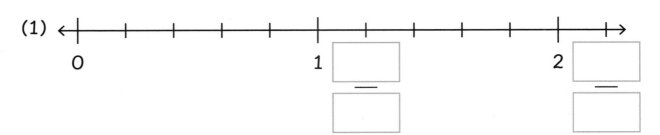

(2)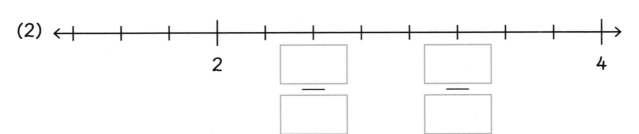

(3)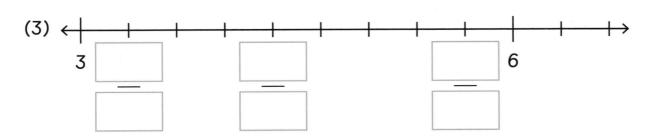

4 在方框内填写带分数。

(1) $\dfrac{9}{7}$ = ☐ ☐/☐

(2) $\dfrac{20}{3}$ = ☐ ☐/☐

5 在方框内填写假分数。

(1) $1\dfrac{6}{7}$ = ☐/☐

(2) $9\dfrac{3}{4}$ = ☐/☐

6 某地小学有63个6岁小学生。这些小学生里有 $\frac{2}{7}$ 的人戴眼镜。戴眼镜的小学生有多少个？

有 ☐ 个小学生戴眼镜。

7 给等值分数连线。

$\frac{4}{6}$ ●   ● $\frac{15}{27}$

$\frac{1}{2}$ ●   ● $\frac{2}{6}$

$\frac{7}{21}$ ●   ● $\frac{2}{3}$

$\frac{5}{9}$ ●   ● $\frac{7}{14}$

8 在方框内填写"＞"或者"＜"。

(1) $\frac{5}{6}$ ☐ $\frac{7}{8}$

(2) $\frac{5}{8}$ ☐ $\frac{7}{10}$

9 画一个长条模型来解决问题。

雅各布有160张运动卡片。艾略特的卡片是雅各布的 $\frac{5}{8}$。露露的卡片是艾略特的 $\frac{3}{4}$。

请问雅各布的卡片比露露的卡片多多少？

雅各布的卡片比露露的卡片多 ⬜ 张。

10 把下列分数相加，结果用带分数表示。

(1) $\frac{3}{4} + \frac{5}{8} = $ ⬜ ⬜/⬜

(2) $\frac{1}{3} + \frac{8}{9} = $ ⬜ ⬜/⬜

11 把下列分数相加，结果用假分数表示。

(1) $\frac{3}{4} + \frac{1}{2} = $ ⬜/⬜

(2) $\frac{1}{5} + \frac{9}{10} = $ ⬜/⬜

12 把下列分数相减并填空。

(1) $\frac{2}{5} - \frac{1}{10} = \frac{4}{10} - \frac{1}{10} = $ ⬜/⬜

(2) $\frac{5}{8} - \frac{1}{4} = $ ⬜/⬜ $-$ ⬜/⬜ $= $ ⬜/⬜

13 涂长条模型并填空。

$$3 \times \frac{\boxed{}}{\boxed{}} = \boxed{}$$

14 霍莉有个制作柠檬水的配方。重写配方，把各个配料的用量升数从分数转化为小数。

柠檬水配方

水：$\frac{5}{8}$ 升

柠檬汁：$\frac{3}{8}$ 升

白砂糖：$\frac{1}{4}$ 升

首先往锅里倒入一部分水和柠檬汁并加热。

加热至滚烫后，放入所有的糖，搅匀直到融化。

放到一旁晾凉。然后把剩下的水倒进晾凉后的糖浆里并充分搅拌均匀。

放到冰箱冷藏。

可供4人饮用。

$\boxed{}$ 升水

$\boxed{}$ 升柠檬汁

$\boxed{}$ 升白砂糖

15 填空。

(1) 2.63 + 7 = ☐   (2) 0.94 + 0.18 = ☐

(3) 3.15 − 0.2 = ☐   (4) 3 − 2.22 = ☐

16 将各个数字精确到百分位和十分位。

(1)

	精确到：	
	百分位	十分位
6.091	☐	☐

(2)

	精确到：	
	百分位	十分位
0.545	☐	☐

17 绿色苹果占总苹果的百分比是多少？

绿色苹果占 % ☐

参考答案

第 5 页　　1 (1) $\frac{2}{5}$ (2) $\frac{2}{4}$　2 (1) $\frac{2}{3}$　$\frac{2}{3}$

(2) $\frac{4}{6}=\frac{2}{3}$　$\frac{2}{3}$。

第 7 页　　1 $3\frac{1}{2}$　2 $2\frac{1}{6}$　3 $1\frac{1}{3}$　4 $2\frac{1}{2}$

第 9 页　　1 (1) $\frac{6}{2}$ (2) $\frac{11}{4}$　2

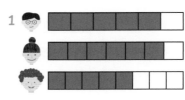

第 11 页　　1 (1) 3　$\frac{3}{2}=1\frac{1}{2}$ (2) 5　$\frac{5}{2}=2\frac{1}{2}$　2 (1) $2\frac{3}{12}$ (2) $\frac{18}{11}$

第 13 页　　1 (1) $\frac{8}{5}$ (2) $\frac{10}{3}$ (3) $2\frac{3}{4}=\frac{11}{4}$　2 $\frac{31}{6}$　31

第 15 页　　1 $\frac{2}{4}=\frac{3}{6}=\frac{4}{8}$　2 $\frac{2}{8}=\frac{3}{12}=\frac{4}{16}$　3 $\frac{2}{6}=\frac{3}{9}=\frac{4}{12}$　4 $\frac{2}{4}$

第 17 页
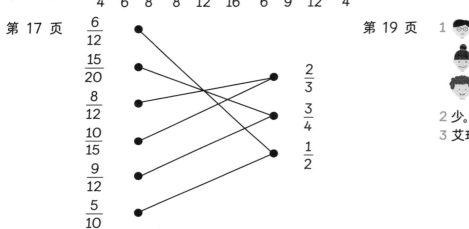

第 19 页

2 少。多。少。最少
3 艾玛，艾略特。

第 22 页　　1 (1) 150 ÷ 3 = 50　50 × 2 = 100　100 (2) 100 + 150 = 250　250

第 23 页
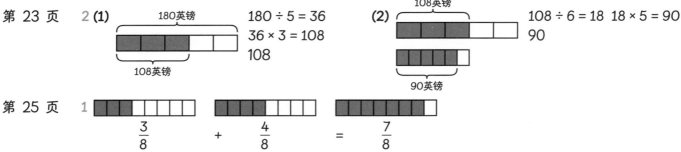

第 25 页
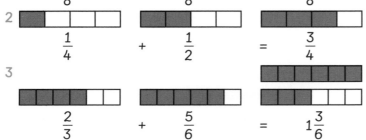

1

$1\frac{3}{4} - \frac{7}{8} = \frac{7}{8}$

$1\frac{3}{5} - \frac{7}{10} = \frac{9}{10}$

$\frac{2}{3} - \frac{1}{6} = \frac{1}{2}$

2 (1) $\frac{3}{4} - \frac{2}{4} = \frac{1}{4}$ (2) $\frac{10}{6} - \frac{5}{6} = \frac{5}{6}$

第 29 页 **1** $\frac{4}{5}$ **2** $\frac{6}{3}$ 或 2

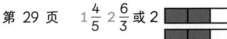

3 $7 \times \frac{3}{4} = \frac{21}{4}$ 或 $5\frac{1}{4}$

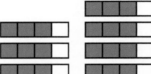 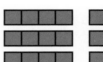

第 31 页 **1** 0.4 0.5 0.38 $\frac{38}{100}$, $\frac{2}{5}$, $\frac{1}{2}$ **2** 0.607; 0.06 0.6; $\frac{6}{100}$, $\frac{6}{10}$, $\frac{607}{1000}$

第 33 页 **1** (1)

```
    7 . 5 3
+   6 . 2 3
  1 3 . 7 6
```

(2)

```
    3 .¹2 8
+   4 . 5 3
    7 . 8 1
```

(3)

```
    5 .¹5 4
+   4 . 3 6
    9 . 9 0
```

(4)

```
  ¹9 .¹5 6
+   9 . 4 4
  1 9 . 0 0
```

(5) 8.72 (6) 1.01 **2** (1)

```
    2 .⁶7¹2
-   1 . 3 3
    1 . 3 9
```

(2)

```
  ⁷8 .¹¹2̷¹4
-   3 . 5 5
    4 . 6 9
```

(3) 3.15 − 0.2 = 2.95 (4) 5 − 1.12 = 3.88

第 35 页 **1**

	百分位	十分位
2.697	2.70	2.7

2

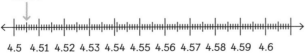

	百分位	十分位
0.635	0.64	0.6

3

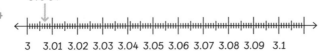

	百分位	十分位
4.505	4.51	4.5

4

	百分位	十分位
3.007	3.01	3.0

1

	红色星星所占百分比	蓝色星星所占百分比
第一沓	20%	40%
第二沓	20%	20%
第三沓	20%	20%
第四沓	20%	24%

第2沓和第3沓红蓝两个颜色的星星占比相同。
2 非红色回形针有200枚。

第 40 页　1 $3 ÷ 4 = \frac{3}{4}$。 每个小朋友能分到 $\frac{3}{4}$ 的披萨。　2 (1) $2\frac{2}{6}$ 的正六边形涂成了黄色。

(2) $3\frac{2}{6}$ 的正六边形涂成了黄色。

第 41 页　3 (1)

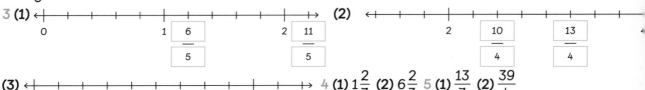

(2)

(3)

4 (1) $1\frac{2}{7}$ (2) $6\frac{2}{3}$　5 (1) $\frac{13}{7}$ (2) $\frac{39}{4}$

第 42 页　6 有18个小学生戴眼镜。　7

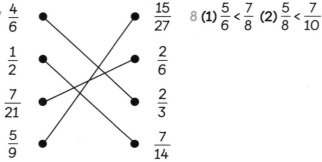

$\frac{4}{6}$　　$\frac{15}{27}$
$\frac{1}{2}$　　$\frac{2}{6}$
$\frac{7}{21}$　　$\frac{2}{3}$
$\frac{5}{9}$　　$\frac{7}{14}$

8 (1) $\frac{5}{6} < \frac{7}{8}$ (2) $\frac{5}{8} < \frac{7}{10}$

第 43 页　9

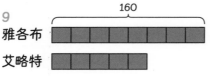

雅各布　160
艾略特

艾略特　100
露露

$160 - 75 = 85$
85

$160 ÷ 8 = 20$
$20 × 5 = 100$

$100 ÷ 4 = 25$
$25 × 3 = 75$

10 (1) $1\frac{3}{8}$ (2) $1\frac{2}{9}$　11 (1) $\frac{5}{4}$ (2) $\frac{11}{10}$

12 (1) $\frac{3}{10}$ (2) $\frac{5}{8} - \frac{2}{8} = \frac{3}{8}$

第 44 页　13

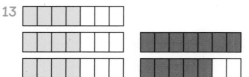

$3 × \frac{4}{7} = 1\frac{5}{7}$ 或 $\frac{12}{7}$

14 水0.625升; 柠檬汁0.375 升; 白糖0.25升

第 45 页　15 (1) 9.63 (2) 1.12 (3) 2.95 (4) 0.78

16 (1)

	百分位	十分位
6.091	6.09	6.1

(2)

	百分位	十分位
0.545	0.55	0.5

17 绿色苹果占70%。